解密 经典兵器

精确瞄准——

狙击步枪

★★★★★★ 崔钟雷 主编

吉林美术出版社 | 全国百佳图书出版单位

前言 QIAN YAN

　　世界上每一个人都知道兵器的巨大影响力。战争年代,它们是冲锋陷阵的勇士;和平年代,它们是巩固国防的英雄。而在很多小军迷的心中,兵器是永恒的话题,他们都希望自己能成为兵器的小行家。

　　为了让更多的孩子了解兵器知识,我们精心编辑了这套《解密经典兵器》丛书,通过精美的图片为小读者还原兵器的真实面貌,同时以轻松而严谨的文字让小读者在快乐的阅读中掌握兵器常识。

　　　　　　　　　　　　　　　　编　者

目录
MULU

第二章 俄罗斯狙击步枪

第三章 英国狙击步枪

第四章 德国狙击步枪

第一章
美国狙击步枪

雷明顿 700 狙击步枪

雷明顿 700PSS

　　雷明顿 700PSS 狙击步枪是雷明顿公司为执法部门设计的,该枪经过多次改进,重量轻,强度大。700PSS 狙击步枪有更高的精确度,且价格合理,是一款价廉物美的狙击步枪。该枪的可卸弹匣可以加快装填子弹的速度,这也是该枪的最大特色所在。

广受称赞

雷明顿 700 狙击步枪是雷明顿公司在 1962 年推出的一款狙击步枪。该枪精确度高,威力大,具有浮置枪管、极敏感的扳机等优点,使得其推出后一直广受称赞。

武器配备

雷明顿 700 狙击步枪拥有很多战术配件,除配有光学瞄准镜、便携背带及其他配件外,还配有携带箱。

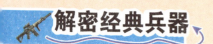

机密档案

型号:雷明顿 700

口径:7.62 毫米

枪长:1 135 毫米

枪重:5.6 千克

弹容:10 发

有效射程:1 200 米

多种型号

雷明顿 700 狙击步枪推出时只有两种型号——ADL 和 BDL，后期又增加了 DM 和 40X。ADL 为经济型，价格便宜，但表面处理和枪托材料比较差。BDL 有 15 种不同口径。DM 是 BDL 的可拆弹仓型。40X 的枪管、枪机都经过强化处理，而且是手工装配，精度极高。

M40A1 狙击步枪

研制背景

　　1966年,M40狙击步枪研制成功,并装备美国海军陆战队。在越南战争期间,M40狙击步枪虽然能够胜任各种任务，但还是暴露出了很多缺点:高温高湿的环境中维护困难、瞄准镜故障频发等等。这直接催生了M40A1狙击步枪。

科普课堂

　　M40A1狙击步枪的枪管为施耐德公司研制的经乌黑氧化涂层处理的重型不锈钢枪管,射击精度高,深受美国海军陆战队士兵的喜爱。

瞄准装置

　　M40A1 狙击步枪的瞄准镜几经改进后，选用非常坚固的钢制高倍率光学瞄准镜。该瞄准镜上有一系列微小的精确定位的圆点，能够标定准确距离，更符合狙击手射击标准。

技术结构

　　M40A1 狙击步枪枪托为筒形，并在 M40 狙击步枪的基础上重新设计了枪管和枪托。M40A1 狙击步枪用玻璃纤维枪托代替了 M40 狙击步枪的木质枪托，并将弹匣槽直接焊接在机匣上，整枪浑然一体。

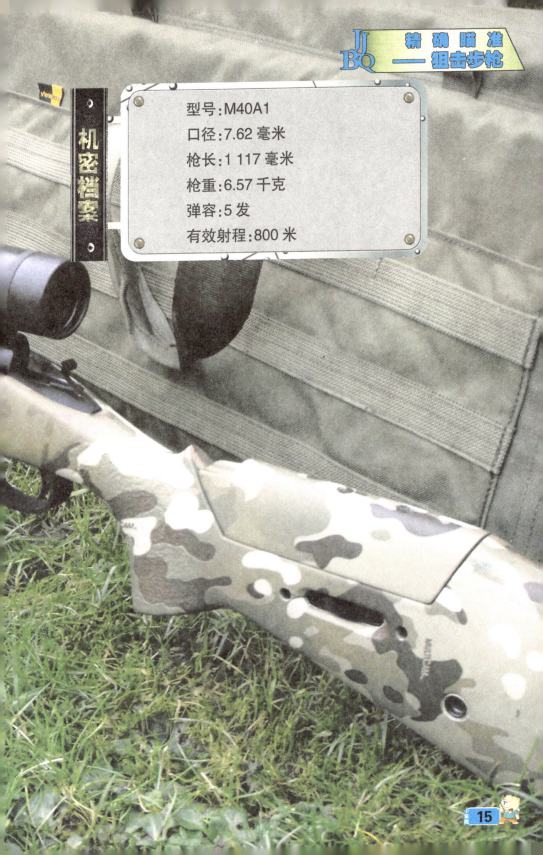

机密档案

型号:M40A1

口径:7.62 毫米

枪长:1 117 毫米

枪重:6.57 千克

弹容:5 发

有效射程:800 米

M82A1 狙击步枪

使用广泛

M82A1 狙击步枪，又叫反器材狙击步枪，是美国巴雷特公司研发生产的重型多用途狙击步枪。M82A1 已成为当今使用最广泛的大口径狙击步枪之一。除了装备美军特种部队，世界上许多其他国家的警察和军队也装备该枪。

你知道吗

?

M82A1 狙击步枪一般采用 Leupold Mark4 望远式瞄准镜来提高射击精度。M82A1 狙击步枪还可安装折叠式机械瞄准具，以在瞄准镜损坏时使用。

机密档案

型号:M82A1

口径:12.7 毫米

枪长:1 219 毫米

枪重:14 千克

弹容:10 发

有效射程:1 850 米

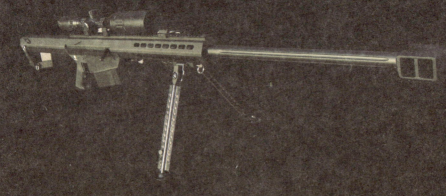

主要用途

    1990 年 10 月，12.7 毫米口径的 M82A1 狙击枪被美国海军陆战队正式选用，用于对付远距离的单兵、掩体、车辆、设备、雷达及低空低速飞行的飞机等高价值目标。爆炸器材处理分队也用 M82A1 狙击步枪来排雷。

电影中的M82A1

　　在战场上扬威后,M82A1狙击步枪又成为荧屏上的"明星"。在影片《第一滴血4》中,史泰龙饰演的兰博与一名携带M82A1狙击步枪的雇佣兵并肩战斗。这名雇佣兵用手中的M82A1狙击步枪为兰博提供了有效的火力支援,帮助兰博绝处逢生。

M21 狙击步枪

战争需求

1968 年，美国陆军急需一批射击精度较高的狙击步枪，以装备在越南战斗的美军部队。1969 年,美军将一千多支 M14 步枪改装成 XM21 狙击步枪,提供给越南战场上的美军士兵使用。1975 年,XM21 狙击步枪成为美军的制式装备,并正式定名为 M21 狙击步枪。

瞄准装置

M21 狙击步枪采用测距可调的瞄准镜,这种瞄准镜可显示最适合射击的射角。在瞄准镜放大倍率的环圈上，有一个可根据所用枪弹种类进行装定的弹道调整凸轮。

技术改进

M21 狙击步枪虽是由 M14 步枪改进而成的,但两者之间还是有明显区别的。M21 狙击步枪的活塞和活塞筒都是手工装配的,枪管经过严格挑选和精确测量，确保其符合规定的制造公差。

消声装置

　　M21 狙击步枪的枪口装有消焰制退器和消声器,可在不影响子弹初速的前提下,将火药燃气的速度降低至音速以下,大大地提高了射手的隐蔽性。

机密档案

型号:M21

口径:7.62 毫米

枪长:1 120 毫米

枪重:5.11 千克

弹容:20 发

有效射程:800 米

M24 狙击步枪

装备情况

　　美国海军陆战队、陆军部队、第 101 空中突击师、82 空降师和空军特别勤务部队均装备了 M24 狙击步枪。另外，日本、以色列、墨西哥、伊拉克和阿根廷等国陆军也装备了 M24 狙击步枪。

设计特点

    M24 狙击步枪是根据美国陆军的要求，在雷明顿 700 系列狙击步枪的基础上设计生产的，采用重型枪管和石墨复合材料做枪身，配合可以调节的伸缩托板，是一款性能优异的狙击步枪。

优点

    M24 狙击步枪秉承雷明顿 700 系列狙击步枪的优良性能和强悍的外形风格，拥有较高的精确性和稳定性，是美军目前装备的主要狙击武器。

狙击武器系统

　　M24 狙击步枪并不是独立存在的，它还配备有 M3 望远式瞄准镜、哈里斯 S 型可拆卸两脚架及其他配件。这一套武器组合就是 M24 狙击武器系统，简称 M24 SWS，被誉为美军现役"狙击之魂"。

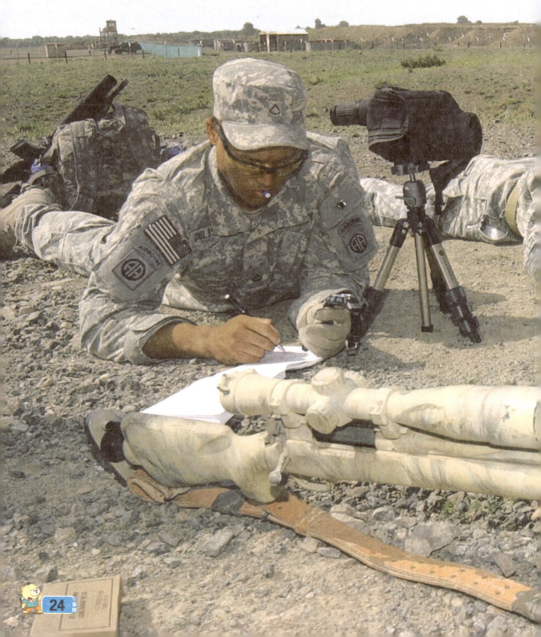

机密档案

型号:M24

口径:7.62 毫米

枪长:1 092 毫米

枪重:5.5 千克

弹容:5 发/10 发

有效射程:800 米

M25 狙击步枪

设计特点

M25 狙击步枪采用玻璃碳纤维制造的枪托,增加了枪身的使用强度,同时又有助于减轻整枪的重量。M25 狙击步枪采用改进后的导气装置,以提高枪械在恶劣环境中的适应能力。值得一提的是,在加装了消音器材后,M25 狙击步枪仍然具备良好的射击精度。

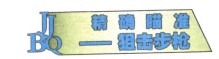

机密档案

型号:M25
口径:7.62 毫米
枪长:1 125 毫米
枪重:4.9 千克
弹容:10 发 /20 发
有效射程:900 米

性能均衡

　　M25 狙击步枪的各项性能都比较平衡,观瞄手能够利用该枪准确地射击 500 米以外的目标。

M90 狙击步枪

研发目的

　　M90 狙击步枪是美国巴雷特公司在 M82 狙击步枪的基础上，为了提高国际竞争力，通过缩短枪支长度并优化细节设计后生产的一种重型狙击步枪。该枪于 1990 年开始生产，1995 年停产。

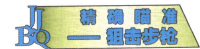

两脚架

M90狙击步枪配备可折叠两脚架,可在卧射时保证射击的稳定性,而将两脚架折叠起来后,可减小整枪体积,节省机动空间,并在行进过程中保证便携性。

后坐力小

M90狙击步枪的设计人员在减小枪的后坐力方面可谓是独具匠心。高效膛口制退器大大减小了M90狙击步枪在射击时的后坐力,半自动结构、两脚架以及肩托尾部的橡胶缓冲垫更是进一步减小了后坐力。

设计特点

M90 狙击步枪的机匣分为上、下两个部分，这样更便于拆卸和维护。M90 狙击步枪为无托结构，小握把位于弹匣前方。该枪没有机械照门，所以必须在战术导轨上安装瞄准镜才能够保证射击精度。

型号:M90

口径:12.7 毫米

枪长:1 143 毫米

枪重:9.98 千克

弹容:5 发

有效射程:1 800 米

机密档案

M95 狙击步枪

设计思想

随着科技的发展，自动化和信息化成为现代战争的主要特征，这也让军事力量的调动更加依赖指挥和通信系统，所以打击敌方的指挥中枢无疑会大大削减敌方战斗力。M95 狙击步枪正是在这样的军事思想指导下研制出来的。

你知道吗

？

M95 狙击步枪在人体工程学设计上有很大的改进，其扳机和握把位置靠前,便于更换弹匣,缩短射击准备时间。

结构特点

    M95 狙击步枪是在 M90 狙击步枪的基础上改进而来的，在外形上和尺寸上与 M90 狙击步枪并没有太大区别。M95 狙击步枪主要用于打击高价值军事目标，例如飞机、通信车、雷达和检测系统等，还可以封锁交通要道，甚至是凭借有利地形抵挡小股装甲部队的突袭。

科普课堂

　　M95 狙击步枪在实战中表现突出，搜索敌人、确定目标、精确瞄准、一枪毙命，战场上的士兵如果能够拥有一支 M95 狙击步枪，就会成为令人望而生畏的王牌狙击手！

机密档案

型号:M95

口径:12.7 毫米

枪长:1 143 毫米

枪重:10.7 千克

弹容:5 发

有效射程:1 800 米

M99 狙击步枪

主要用途

1999年,巴雷特公司推出了全新设计的产品——M99狙击步枪,别名 Big Shot,为"威力巨大、一枪毙命"之意。M99狙击步枪主要用于打击指挥部、摧毁油库和雷达等重要目标和设施。

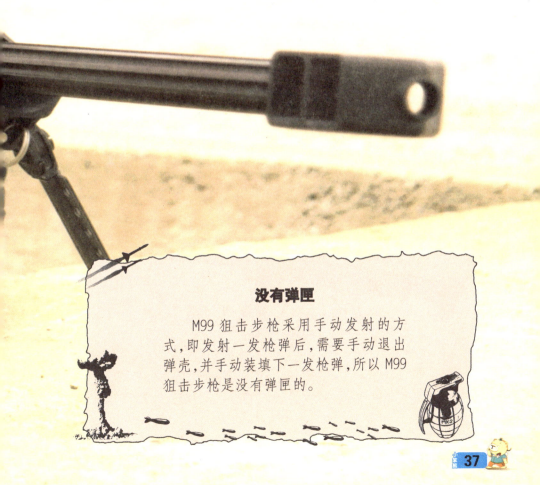

没有弹匣

M99狙击步枪采用手动发射的方式,即发射一发枪弹后,需要手动退出弹壳,并手动装填下一发枪弹,所以M99狙击步枪是没有弹匣的。

维护方便

M99 狙击步枪外形美观，而且结构简单，只要拔下枪身上的三个快速分解销，就可以将 M99 狙击步枪不完全分解，方便维护、保养和修理。

设计特点

　　M99 狙击步枪采用多齿刚性闭锁结构,能够有效地减弱射击时产生的震动。但是由于射击时枪机是固定不动的,枪弹发射后产生的强大反作用力会给枪机造成巨大的冲击。为此,M99 狙击步枪配备了高效的制退器,再加上安装在枪托末端的橡胶缓冲垫,可以达到非常理想的制退效果。

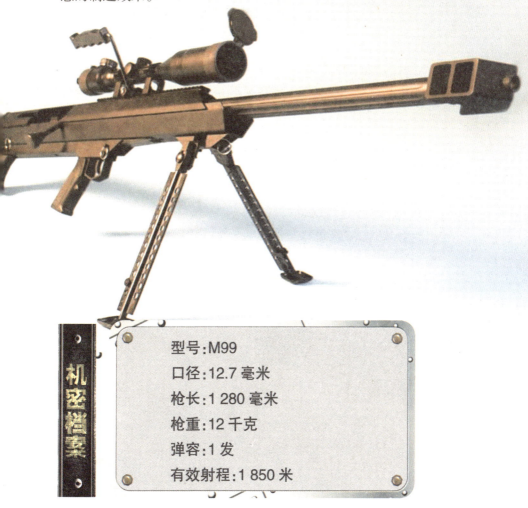

机密档案

型号:M99

口径:12.7 毫米

枪长:1 280 毫米

枪重:12 千克

弹容:1 发

有效射程:1 850 米

M107 狙击步枪

优劣共存

    M107狙击步枪光学瞄准具倍率很大，可靠性高，操作稳定，可用于打击远距离有生目标，但其消音、消焰装置需要改进。

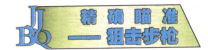

研制背景

20世纪90年代中期，美军正在寻求一种大口径重型狙击步枪，作为M24狙击步枪的补充，以此提高狙击小组的远程反器材作战能力。巴雷特公司研制的M82A1M狙击步枪，满足了美军的要求，但因为没有最后定型，美军将其命名为XM107，定型后，美军将其命名为M107。

射击精度高

M107狙击步枪可发射多种12.7毫米口径弹药，大威力子弹与长枪管相结合，能够使弹道变得笔直而准确，在1 500米—2 000米的距离内准确打击有生目标。

改进型号

  M107 狙击步枪是美国巴雷特公司根据美军提供的反馈意见设计的一款特殊用途狙击步枪，实际上就是 M82A1 狙击步枪的模块化改进型，主要用于打击运动中的快艇、摧毁雷达和移动通信系统。

机密档案

型号:M107

口径:12.7 毫米

枪长:1 448 毫米

枪重:12.9 千克

弹容:10 发

有效射程:1 850 米

XM109 狙击步枪

诞生背景

在大口径狙击武器备受关注的时候,各大小武器生产商都推出了多种大口径狙击步枪,但巴雷特公司生产的大口径狙击步枪仍处于近乎垄断的市场地位。XM109 狙击步枪就是巴雷特公司生产的一款知名度很高的大口径狙击步枪。

机密档案

型号:XM109

口径:25 毫米

枪长:1 168 毫米

枪重:20.9 千克

弹容:5 发

有效射程:2 000 米

惊人的攻击能力

XM109 狙击步枪威力非常惊人，主要用于执行远距离狙击任务。XM109 狙击步枪发射的 25 毫米大口径子弹至少能穿透 50 毫米厚的装甲钢板，可以轻易摧毁敌方轻型装甲车辆和停放的战斗机等目标。

瞄准系统

为了提高 XM109 狙击步枪的射击精度，巴雷特公司开发了一种非常先进的计算机数据处理瞄准系统。该系统会自动获取大气气压、空气温度和枪械角度等参数信息，经过精细地运算，为狙击手提供可靠的射击数据。这让 XM109 狙击步枪的首发命中率大大提高。

科普课堂

XM109 狙击步枪可配备两脚架，两脚架接触地面的部分为尖钉状，在射击时可以增加稳定性。

M110 狙击步枪

设计特点

　　M110 狙击步枪是美国奈特公司研制的一种半自动狙击步枪。该枪使用固定式枪托，但可以通过调节枪托末端的旋钮调整枪托长度，以适应不同使用者的需求。此外，M110 狙击步枪的枪管末端装有消焰器，还可以安装消音器。

你知道吗

　　M110 狙击步枪的导轨和机匣一体化的设计，可以使导轨更加稳固，减小射击时的偏差。

机密档案

型号:M110

口径:7.62 毫米

枪长:1 029 毫米

枪重:6.91 千克

弹容:10 发 /20 发

有效射程:1 000 米

颜色

无论是 M110 狙击步枪本身还是其附件,表面颜色都以土黄色为主。土黄色也成为美军武器的制式颜色。

M200 狙击步枪

"长距离狙击系统"

实际上，M200 狙击步枪的超高精度得益于以该枪为中心的一整套"长距离狙击系统"，其中包括战术子弹弹道计算系统、小型天气跟踪装置、激光测距仪、瞄准装置和枪口装置。

机密档案

型号：M200

口径：10.36 毫米

枪长：1 346 毫米

枪重：14.06 千克

弹容：7 发

有效射程：2 000 米

现代狙击步枪的代表

M200 狙击步枪发射的枪弹在 2 286 米以外的着弹点与预想着弹点的距离不会超过 2 厘米，这让 M200 狙击步枪成为现代狙击步枪中射程远、精度高的枪械代表。

设计特点

M200 狙击步枪的枪托可自由伸缩，以满足不同使用者的不同使用习惯。枪托上配备折叠后脚架和托腮架，配合护木前方附设的可折叠两脚架，保证射击时的稳定性。M200 狙击步枪枪管和枪机表面刻有凹槽，以减少重量，并提高结构强度。

XM2010 狙击步枪

诞生历程

XM2010 狙击步枪是以 M24 狙击步枪为设计蓝本,经过改进后性能全面提升的增强型狙击步枪,由美国雷明顿公司生产。2011 年,XM2010 狙击步枪被正式投入战场,装备美军士兵。

创新设计

XM2010 狙击步枪是 M24 狙击步枪的"整体换代升级型号",包括膛室、枪管、枪托、弹匣、枪口制退器和消焰器,甚至是光学瞄准镜在内的多个部件都经过了改进设计,而且 XM2010 整枪防腐蚀性更好,隐蔽性能更强。

优缺点

与 M24 狙击步枪相比，XM2010 狙击步枪的战场表现证明了这是一款射程更远、火力更强、精准度更高的狙击武器；但由于它使用了火力更大的子弹，射击时的后坐力大，枪口火焰和噪声也有所增加。

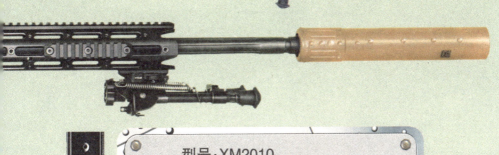

机密档案

型号：XM2010

口径：7.62 毫米

枪长：1 135 毫米

枪重：5.2 千克

弹容：5 发

有效射程：1 200 米

MK11 狙击步枪

枪托设计

MK11 狙击步枪的枪托底部有一个护盖，护盖可以打开以利用枪托的内部空间存放清洁工具以及其他战术附件。

"前世今生"

美国著名枪械设计大师尤金·斯通纳在生命的最后几年里，与奈特军械公司联手推出了高精度狙击步枪——SR25。该枪的设计引起了美国海军的注意。在美国海军的要求下，奈特公司以SR25狙击步枪为蓝本，经过改进后推出了专为海军设计的MK11狙击步枪。

作战用途

MK11狙击步枪的作战用途是在较远距离上对敌军士兵或特工进行隐蔽射击，凭借较高的首发命中率，在尽可能短的时间内完成狙击任务。

技术结构

MK11 狙击步枪在外形上与 SR25 狙击步枪并没有太大区别,但是内部结构却经过了大量改进。在奈特公司重新设计枪机结构和枪管节套、改进抛壳挺和击针等细节后,MK11 狙击步枪的性能变得更加稳定。

型号:MK11

口径:5.56 毫米

枪长:1 003 毫米

枪重:4.47 千克

弹容:10 发/30 发

有效射程:550 米

MK12 狙击步枪

技术特点

MK12 狙击步枪是为了实现精确射击而设计的，其技术特点也体现出了狙击步枪的性能特征。但绝大多数狙击步枪都是在精准性、威力和射程上见长的，MK12 狙击步枪虽然有一定的精准性，但在威力和射程上的表现并不突出，所以很多人将 MK12 狙击步枪视为突击步枪的"精准性升级版"。

科普课堂

MK12 狙击步枪是美国研制的一种特殊用途步枪。它兼具狙击步枪和突击步枪的特点，已经跟随美国陆军、海军和海军陆战队的特种部队在持久自由行动和伊拉克自由行动中执行任务。

型号:MK12

口径:5.56 毫米

枪长:952.5 毫米

枪重:4.5 千克

弹容:20 发 /30 发

有效射程:550 米

结构特点

MK12 狙击步枪有固定式和伸缩式两种枪托,护木采用浮置式,可以保护枪管,并提供较多的位置安装战术配件。MK12 狙击步枪主要使用光学瞄准镜,而且可以根据不同的使用者安装不同的机械瞄准具。

SR25 狙击步枪

装备情况

　　SR25 是奈特军械公司与美国著名枪械设计大师尤金·斯通纳携手合作推出的一款性能优秀的狙击步枪。部分美国特种部队曾装备了 SR25 狙击步枪。据称,"海豹"突击队在索马里也曾使用过 SR25 狙击步枪。

型号:SR25

口径:7.62 毫米

枪长:1 118 毫米

枪重:4.88 千克

弹容:10 发 /20 发

有效射程:550 米—600 米

结构特点

SR25 狙击步枪的枪管选用 M24 狙击步枪的枪管。枪管采用浮置式的安装方法,与上机匣连接。上机匣上有一个轨槽式瞄准具座,可安装望远式光学瞄准镜。

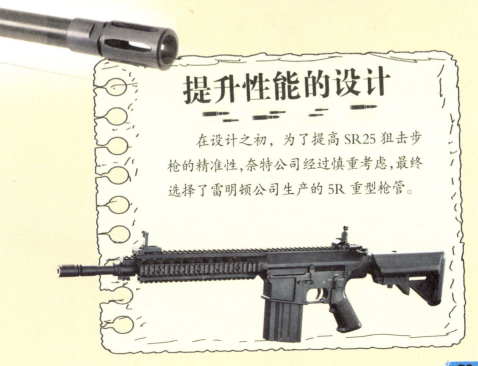

提升性能的设计

在设计之初,为了提高 SR25 狙击步枪的精准性,奈特公司经过慎重考虑,最终选择了雷明顿公司生产的 5R 重型枪管。

TAC-50 狙击步枪

瞄准装置

　　TAC-50 狙击步枪没有机械瞄准镜,也没有预设瞄准镜,光学狙击手可根据任务需要及个人习惯选用不同的光学瞄准器材。

制式武器

　　1980 年,美国麦克米兰公司推出了 TAC-50 狙击步枪。该枪后来成为美国军队及执法部门的专用狙击武器。2000 年,加拿大军队将 TAC-50 狙击步枪列为制式"远距离狙击武器"。

型号:TAC-50

口径:12.7 毫米

枪长:1 448 毫米

枪重:11.8 千克

弹容:5 发

有效射程:2 000 米

设计特点

TAC-50 狙击步枪采用手动旋转后拉式枪机系统,枪口装有高效能制退器,以缓冲该枪在发射枪弹时产生的强大后坐力。TAC-50 狙击步枪的枪托尾部装有特制的橡胶缓冲垫,以缓解抵肩射击时后坐冲击力对射手造成的不适感,而且枪托尾部可以拆卸,方便携带。

Tango 51 狙击步枪

Tango 51 诞生

　　Tango 51 狙击步枪是美国 Tac Ops 公司在雷明顿 700 狙击步枪的基础上开发的新型狙击步枪。2000 年 4 月，Tango 51 狙击步枪在 *S.W.A.T.* 杂志上第一次面对世人公开亮相，人们终于得以一窥 Tango 51 狙击步枪的庐山真面目。

你知道吗

?

　　与雷明顿 700 狙击步枪一样，Tango 51 狙击步枪也采用了哈里斯公司研制的两脚架，可以在射击时提高稳定性。

机密档案

型号:Tango 51

口径:7.62 毫米

枪长:1 125 毫米

枪重:4.9 千克

弹容:5 发

有效射程:1 150 米

在 Tango 51 狙击步枪的身上，我们能看到雷明顿 700 狙击步枪的影子。Tango 51 狙击枪的最大特点就是实现了重量和性能的平衡。Tango 51 狙击步枪的轻量化特点在同级别狙击步枪中是首屈一指的。

设计特点

Tango 51 狙击步枪采用 Tac Ops 公司自己研制的比赛用枪管，射击精度高，而且耐用，枪托为麦克米兰玻璃纤维材料，表面有防滑纹。Tango 51 狙击步枪配备有一个相当紧凑但高效的消声器，可以在执行隐藏攻击任务的时候保证射手的隐蔽性。

第二章
俄罗斯狙击步枪

SVD 狙击步枪

研发背景

1958年，苏联提出设计一种半自动狙击步枪的方案。1963年，苏联军队选中了由德拉贡诺夫设计的SVD狙击步枪，用以代替莫辛－纳甘狙击步枪。1967年，SVD狙击步枪开始装备苏联军队。

科普课堂

SVD狙击步枪的设计特点是把木质枪托的大部分都镂空，既减重量，又能自然形成直式握把。后期生产的SVD狙击步枪的枪托采用玻璃纤维复合材料。

机密档案

型号:SVD

口径:7.62 毫米

枪长:1 220 毫米

枪重:4.3 千克

弹容:10 发

有效射程:800 米

活塞设计

　　SVD 狙击步枪采用短行程活塞的设计,导气活塞单独位于活塞筒中,在火药燃气压力下向后运动,撞击机框使其后坐,这样可以降低活塞和活塞连杆运动时引起的重心偏移,从而提高射击精度。

SVDS 狙击步枪

射击特点

SVDS 狙击步枪的枪管比 SVD 狙击步枪的枪管更厚，所以整枪重量更大，虽携带不便，但射击稳定性进一步提高。SVDS 狙击步枪有两种射击模式：一是在一般情况下使用，二是在快速射击和条件恶劣的情况下使用。

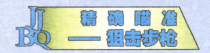
两种型号

SVDS 狙击步枪是 SVD 狙击步枪的改进型，于 1994 年定型。最初，SVDS 狙击步枪有两种型号：一种是步兵型，枪管长 620 毫米；另一种是伞兵型，枪管长 565 毫米。不过，军方最终只选择了伞兵型 SVDS 狙击步枪。

主要改进

与 SVD 狙击步枪相比，SVDS 狙击步枪有很多改进之处：枪管壁加厚，保证长时间射击时枪械的可靠性和稳定性；枪托上装有塑料侧板和抵肩板；机匣强度有所增加，以更好地固定光学瞄准镜。

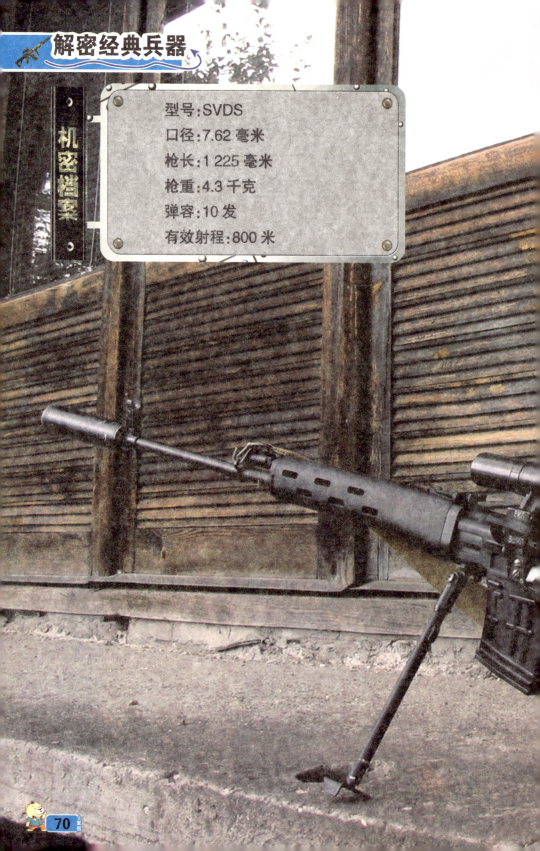

型号:SVDS

口径:7.62 毫米

枪长:1 225 毫米

枪重:4.3 千克

弹容:10 发

有效射程:800 米

机密档案

结构特点

SVDS 狙击步枪的枪托可折叠,由钢管焊接装配而成,枪管较短,护木用玻璃纤维增强塑料制成。SVDS 狙击步枪的枪管下面没有刺刀座,但通过专门的附件也可以加装刺刀。可靠的性能和紧凑的外形使 SVDS 狙击步枪很适合空降部队和机械化部队使用。

SVDK 狙击步枪

设计背景

随着单兵防护技术的发展和广泛应用，俄罗斯军队原本装备的 7.62 毫米口径狙击步枪在面对防护能力日益增强的单兵装备时已经显得力不从心，而国外的大口径狙击步枪的研制一直在不断发展，于是，俄罗斯人也开始研制大口径的狙击步枪，这才有了 SVDK 狙击步枪的诞生。

你知道吗

SVDK 狙击步枪重量轻，携带方便，狙击手使用其射击时可以采取机动灵活的战术，而且该枪在射击时产生的烟尘少，能够保证狙击手的隐蔽性。

机密档案

型号:SVDK

口径:9.3毫米

枪长:1 250毫米

枪重:6.5千克

弹容:10发

有效射程:1 350米

全新设计

　　SVDK 狙击步枪在继承了 SVDS 狙击步枪的外形特点和优良性能的同时,采用了多种新设计。SVDK 狙击步枪的消焰器是重新设计的,另外弹匣形状和尺寸也不相同。SVDK 狙击步枪还配备比"前辈"口径更大、性能更出色的狙击步枪弹。

VSK-94 狙击步枪

深受喜爱

VSK-94 狙击步枪是一种很受俄罗斯陆军侦察部队和反恐小分队欢迎的轻型狙击步枪,由 KBP 工具设计厂生产。VSK-94 狙击步枪结构简单,制作精良,俄罗斯人称其为"游击队和特种分队得心应手的武器"。

设计特点

VSK-94 狙击步枪的机匣由低成本的金属冲压而成,这可以减少生产成本,缩短生产时间,保证原料供给,而且枪械的维护和保养变得更加方便和简单,而护木、握把和枪托则采用较轻的复合材料制造,强度高且重量轻。

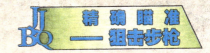
隐蔽性

VSK-94狙击步枪能安装高效消音器,大大减少了开枪时的声音,并且完全消除枪口火焰。对于执行隐蔽任务或袭击任务的狙击手来说,VSK-94狙击步枪绝对是一把"利器"。

机密档案

型号:VSK-94

口径:9毫米

枪长:932毫米

枪重:2.8千克

弹容:20发

有效射程:400米

优点

与其他狙击步枪相比,VSK-94狙击步枪的体积小,重量轻,携带和使用都很方便,而且VSK-94狙击枪可发射多种枪弹,这让狙击手在战术选择时有了更大的灵活性。

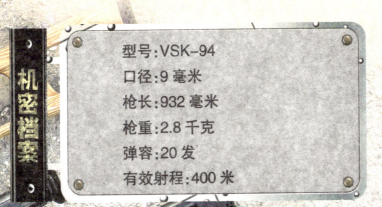

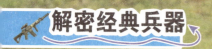

SV98 狙击步枪

"艰难从军路"

SV98 狙击步枪是俄罗斯重要的武器生产基地伊热夫斯克兵工厂设计生产的手动狙击步枪。该枪于 20 世纪末研制成功，但由于俄罗斯军方对制式武器的考核周期较长，因此直到 2005 年，SV98 狙击步枪才正式装备俄罗斯军队。

人性化设计

　　SV98 狙击步枪的抵肩板和贴腮板均可通过装卸垫片来调节长度或高度，以适应射手身材和脸形的个体差异。SV98 狙击步枪的提把通过蝶形螺母固定在护木上，可根据个人习惯选择安装在枪身左侧或右侧。

机密档案

型号：SV98

口径：7.62 毫米

枪长：1 200 毫米

枪重：5.8 千克

弹容：10 发

有效射程：1 000 米

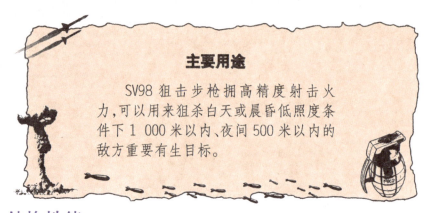

主要用途

SV98 狙击步枪拥高精度射击火力,可以用来狙杀白天或晨昏低照度条件下 1 000 米以内、夜间 500 米以内的敌方重要有生目标。

结构性能

SV98 狙击步枪采用非自动发射方式,采用旋转后拉式枪机。枪管由碳素钢制成,枪管口部设有螺纹接口,用以旋接枪口帽或消音器。枪托主体由复合板材制成,强度高,在极端环境中使用时可靠性较高。

第三章
英国狙击步枪

L96 狙击步枪

枪管设计

L96 狙击步枪使用的不锈钢枪管安装在机匣正面。枪管采用浮置设计,使该枪在射击时的准确性主要受枪管因素的限制,其他因素的影响较小。

研发背景

在经历了中东、北非和北爱尔兰的战争后,英国陆军原来装备的 L42A1 狙击步枪已经无法适应战场需要,尤其是在经历了 1982 年的马岛之战之后,L42A1 狙击步枪暴露出的问题变得更加突出,英国陆军开始寻求一种新型狙击步枪。L96 狙击步枪就是在这种情况下被研发出来的。

枪托设计

L96 狙击步枪的枪托并不是传统的实心结构,而是由两块尼龙板组合而成,枪托中空,长度可调。

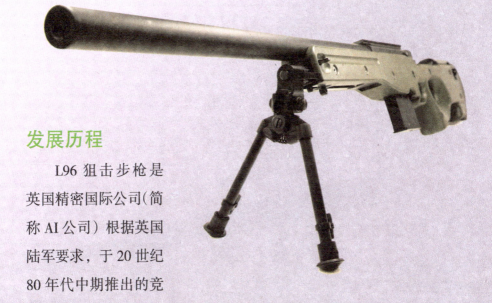

发展历程

　　L96 狙击步枪是英国精密国际公司（简称 AI 公司）根据英国陆军要求，于 20 世纪 80 年代中期推出的竞标产品，最初命名 Precision Match，意为"精确竞赛枪"，简称 PM。最终，AI 公司竞标成功，L96 狙击步枪开始列装英国军队。

设计要求

英国陆军对新型狙击步枪的要求严格而明确：新型狙击步枪在 600 米射程内首发命中率要达到 100%，1 000 米射程内要保证良好而稳定的射击精度；新型狙击步枪需配备 10 发可拆卸弹匣。

机密档案

型号:L96

口径:7.62 毫米

枪长:1 124 毫米

枪重:6.5 千克

弹容:10 发

有效射程:1 000 米

L96A1 狙击步枪

瞄准装置

    L96A1 狙击步枪的瞄准镜箍座是在一整块铸造的铝合金上用机器生产出来的，瞄准镜光通过率超过 90%。该枪在黄昏和夜间也可精准射击。

设计特点

    L96A1 狙击步枪的机匣由铝合金材料制成；枪托由高强度抗压塑料制成，分为两节；枪管由不锈钢精锻制成，螺接在超长的机匣正面，可在枪托内自由浮动，在保证射击精度的情况下，使用寿命达 5 000 发；折叠式两脚架是由合金钢制成的，安装和拆卸都很方便。

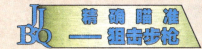

严寒中作战

　　L96A1 狙击步枪又被称为 AWP 狙击步枪,意为"北极作战"。L96A1 狙击步枪可以在严寒的环境中作战,即便枪中进水结冰,经过简单处理后,仍能正常工作。

机密档案

　　型号:L96A1

　　口径:7.62 毫米

　　枪长:1 180 毫米

　　枪重:6.2 千克

　　弹容:10 发

　　有效射程:1 200 米

AW50 狙击步枪

科普课堂

AW50 狙击步枪威力巨大，其枪体重量和后坐力也很大。一支 AW50 狙击步枪的重量相当于四支普通突击步枪。配备高效的枪口制退器、枪托内部的液压缓冲系统和橡胶制造的枪托底板，可有效地降低 AW50 狙击步枪的后坐力，同时提高其射击精度。

任务定位

　　AW50 狙击步枪是一款远程精确手动式狙击步枪,其主要使命是摧毁敌方雷达装置、轻型装甲车辆、移动通信车辆、弹药库和油库等高价值军事目标。AW50 狙击步枪发射的标准子弹可以同时实现贯穿、高爆和燃烧等多重效果。

研制背景

　　AW50 狙击步枪是 AW 系列狙击步枪家族的一员,是英国 AI 公司为了满足国际市场对大口径反器材狙击步枪的需求研制的,于 1998 年面世。实际上,AW50 狙击步枪就是 L96A1 狙击步枪的大型化版本。

机密档案

型号:AW50

口径:12.7 毫米

枪长:1 420 毫米

枪重:15 千克

弹容:5 发

有效射程:2 000 米

设计特点

　　AW50狙击步枪的枪管由高强度、低膨胀系数的不锈钢制造而成,通过精密的螺纹嵌入机匣内,而且枪管和机匣保持极小的装配公差,连接紧密,这利于提高射击精度,并保证枪机的使用寿命。枪管外侧还有很多凹槽,不仅提高了枪管本身的强度,还利于散热和降低整枪的重量。

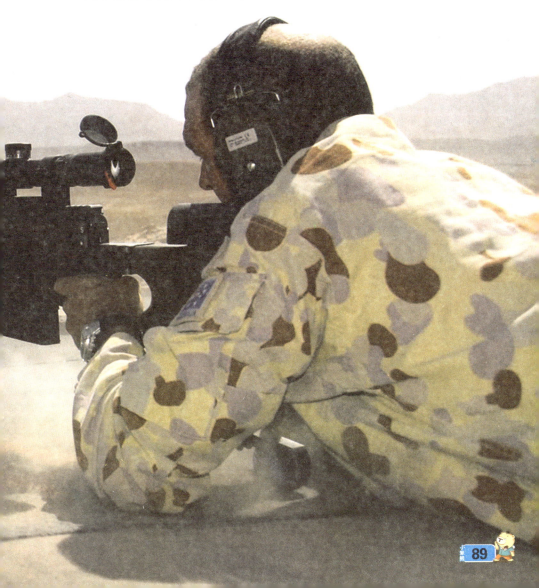

L115A3 狙击步枪

诞生条件

现代战争中,精确打击已经成为最常用的军事打击手段。阿富汗战争的爆发,让英军对精确狙击武器的需求量大大增加,因为阿富汗地形复杂,丛林茂密,经常需要远距离攻击敌人,这成为 L115A3 狙击步枪诞生的直接条件。

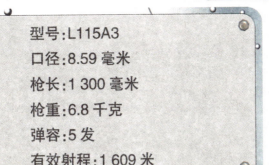

型号:L115A3

口径:8.59 毫米

枪长:1 300 毫米

枪重:6.8 千克

弹容:5 发

有效射程:1 609 米

远程精确打击

L115A3 狙击步枪可以说是专门为阿富汗战争而设计的狙击步枪。当时,为了清除当地敌对武装力量,英军频频发动空中打击,但是空袭造成的平民伤亡令英军头疼不已,于是远程精确打击就显得尤为重要。2008 年,AI 公司设计的 L115A3 狙击步枪开始列装英军。该枪能够在 1 600 米以外实施精确打击。

最远射杀纪录

2010 年 11 月,有人曾在阿富汗南部的遭遇战中利用一支 L115A3 狙击步枪,在 2 475 米之外精准"秒杀"两名塔利班武装分子,创造了最远射杀的世界纪录。

M85 狙击步枪

结构特点

M85 狙击步枪为枪机直动式武器，枪管较重，与机匣螺接在一起，枪管凸缘固定在机匣上。枪口部有枪口制退器，既可消焰，又可减小后坐力。制退器和准星组件夹紧在枪管上，若将它们拆卸下来，则需要使用万能扳手。

你知道吗

M85 狙击步枪由帕克－黑尔有限公司研制，是一种高精度狙击步枪。该枪使用北约 7.62 毫米枪弹，在 600 米距离内的首发命中率达百分之百。

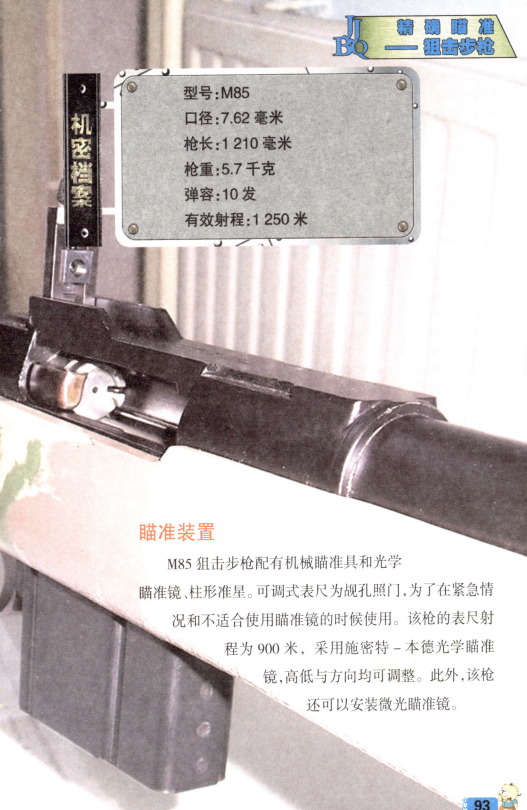

机密档案

型号:M85

口径:7.62 毫米

枪长:1 210 毫米

枪重:5.7 千克

弹容:10 发

有效射程:1 250 米

瞄准装置

M85 狙击步枪配有机械瞄准具和光学瞄准镜、柱形准星。可调式表尺为觇孔照门,为了在紧急情况和不适合使用瞄准镜的时候使用。该枪的表尺射程为 900 米,采用施密特－本德光学瞄准镜,高低与方向均可调整。此外,该枪还可以安装微光瞄准镜。

AS50 狙击步枪

枪体结构

　　AS50 狙击步枪采用导气式半自动工作原理，偏移式闭锁枪机，拉机柄外形尺寸较小。为方便日常维护枪管内膛，AS50 狙击步枪设置了一个手动挂机装置，可以让枪机维持在开启状态，这样的设计还可以在不拆除枪管的情况下排除枪管堵塞等故障。

机密档案

型号:AS50

口径:12.7 毫米

枪长:1 369 毫米

枪重:14.1 千克

弹容:5 发

有效射程:1 650 米

定位明确

AS50狙击步枪是专门为美国特种部队设计的。更明确地说，它是为美国海军海豹部队提供的反器材、远程狙击步枪。

设计特点

AS50狙击步枪左右两侧各有两个背带环，方便携行。整把枪可在3分钟内分解成几个基本的子部分以方便维护、运输和存放。同型号步枪之间相同部件的通用性强，而且在野外作业时不需要专业工具就能分解该枪。

结构特点

　　AX338 狙击步枪机匣顶部设有全长式的皮卡汀尼导轨,而且有一个八角形截面的枪管护套包裹在枪管外面。枪管护套的四个方向上都有皮卡汀尼导轨,可以在瞄准镜前安装夜视器及其他辅助装置。

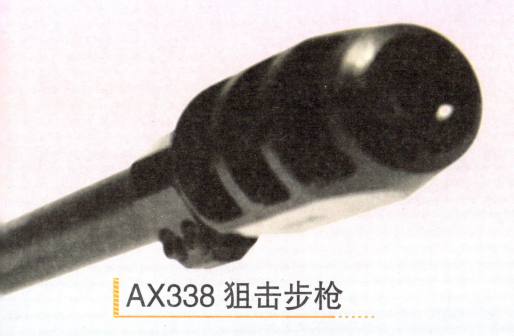

AX338 狙击步枪

正式亮相

2010 年,在美国的射击、狩猎及户外用品展上,英国 AI 公司的 AX338 狙击步枪正式亮相,该枪是在 AWSM 狙击步枪的基础上改进而成的。

设计特点

与 AWSM 狙击步枪相比,AX338 狙击步枪的枪机更长、更粗,保证了枪机的强度和耐用性,而且,采用这样的设计可以实现枪机与机头分离,从而可以通过更换机头和枪管来改变口径。

机密档案

型号：AX338

口径：8.58 毫米

枪长：1 250 毫米

枪重：7.8 千克

弹容：10 发

有效射程：1 500 米

优点

AX338 狙击步枪的一大特点便是更换方便简单。该枪弹匣的内部空间很大，配备了双排弹匣，增加了火力的持久性；该枪的枪托在不使用时可以向右折叠，方便狙击手携带。

发展设想

按照 AI 公司的设想和部署，AX338 狙击步枪在参加了美国射击、狩猎及户外用品展后，将参加美国特种作战司令部的招标，从中可以看出 AI 公司对 AX338 狙击步枪进军美国市场的信心。

第四章
德国狙击步枪

DSR NO.1 狙击步枪

人性化设计

DSR NO.1 狙击步枪的人机工效非常合理。扳机护圈宽大,射手戴手套也可以射击;枪管下方装有可滑动的前握把,射手可以根据个人需要前后调节;全枪稳定性很好,方便携带。

机密档案

型号:DSR NO.1
口径:7.62 毫米
枪长:990 毫米
枪重:5.9 千克
弹容:5 发
有效射程:1 300 米

枪体结构

　　DSR NO.1 狙击步枪采用模块化设计，各部件的组合非常合理，而且拆卸、维护十分方便。

制作材料

　　在制作材料上，DSR NO.1 狙击步枪大量采用铝合金、钛合金和高强度玻璃纤维复合材料，既减轻了整枪重量，又保证了枪械的坚固性和可靠性。

PSG-1 狙击步枪

设计回归主流

PSG-1 狙击步枪的基本结构与 G3 步枪相同,不过该枪使用了加厚的重型枪管,因此全枪重量比较大,在射击时能够依靠枪管自身的重量减小枪管的振动。PSG-1 狙击步枪的枪口部没有安装消焰器、制退器等枪口装置。

你知道吗?

PSG-1 狙击步枪的枪把采用粗糙黑色高密塑料,长度可调节。枪托上的贴腮板高低也可调,射手可以将其调节到最舒适的长度和高度。

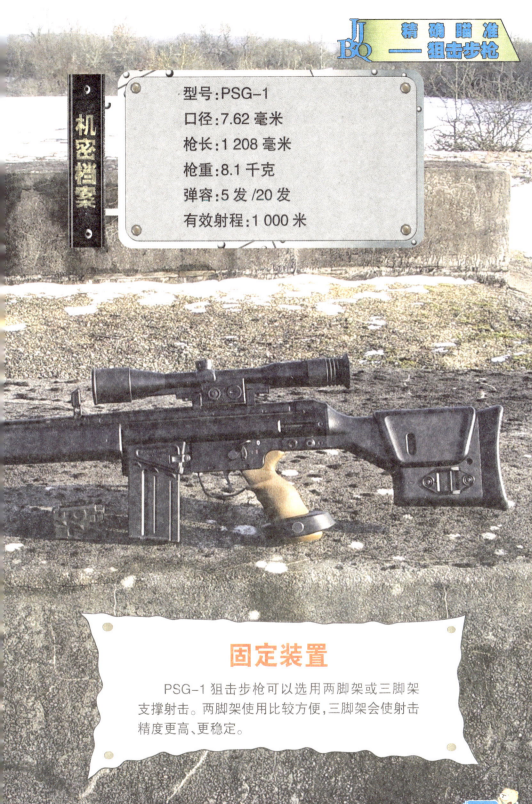

机密档案

型号:PSG-1

口径:7.62 毫米

枪长:1 208 毫米

枪重:8.1 千克

弹容:5 发 /20 发

有效射程:1 000 米

固定装置

　　PSG-1 狙击步枪可以选用两脚架或三脚架支撑射击。两脚架使用比较方便,三脚架会使射击精度更高、更稳定。

MSG90 狙击步枪

研制背景

　　PSG-1 狙击步枪在推出后虽获得了很高的评价，但 PSG-1 狙击步枪重量太大，战场上的士兵要是携带着一把重量超过 8 千克的武器，行动将变得非常困难。同时，为了实现占领德国狙击武器市场的野心，HK 公司在 PSG-1 狙击步枪的基础上，经过改进和优化设计，推出了 MSG90 狙击步枪。

科普课堂

　　MSG90 狙击步枪采用了直径小、质量轻的枪管，但在其枪管外部设有一个与 PSG-1 狙击步枪枪管直径相同的套筒，这个套筒没有消焰和制退作用，只是为了增加枪管重量，控制射击时枪管的震动。

机密档案

型号:MSG90

口径:7.62 毫米

枪长:1 165 毫米

枪重:6.4 千克

弹容:5 发 /20 发

有效射程:1 000 米

性能出色

　　MSG90 狙击步枪确实是世界上最精确的半自动步枪之一。在军队测试中,MSG90 狙击步枪可以在 300 米的距离上保证连续发射的 50 颗子弹全部打进一个棒球大小的圆内。

SR9 狙击步枪

闭锁装置

    SR9 狙击步枪是德国 HK 公司在 G3 步枪的基础上研制而成的。它采用半自由枪机式工作原理和滚柱闭锁方式，独特的闭锁装置在弹头离开枪口后才开锁，保证了 SR9 狙击步枪的精确性。

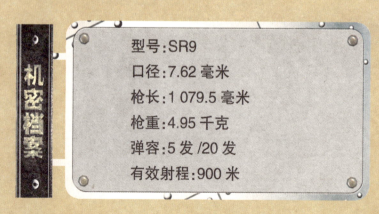

机密档案

型号：SR9

口径：7.62 毫米

枪长：1 079.5 毫米

枪重：4.95 千克

弹容：5 发 /20 发

有效射程：900 米

瞄准装置

SR9 狙击步枪主要用于远距离精确打击，所以该枪没有机械瞄准具，瞄准必须依靠光学瞄准具。SR9 狙击步枪采用放大倍率为 12 倍的光学瞄准镜，机匣上配有瞄准具座，可以安装任何北约制式夜视瞄准具。

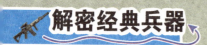

SP66 狙击步枪

设计特点

　　SP66 狙击步枪的设计风格与传统的毛瑟步枪相似，但是枪机的拉机柄靠近机头位置，而不像传统的毛瑟枪机那样安装在尾部。枪机开锁时，机体向后伸出量较小。枪机行程也比传统毛瑟枪机要短。

你知道吗？

　　SP66 狙击步枪枪托由层压板制成，枪托底板的长度和贴腮板的高度都可以根据射手习惯进行调节。

机密档案

型号：SP66

口径：7.62 毫米

枪长：1 120 毫米

枪重：6.12 千克

弹容：3 发

有效射程：800 米

结构特点

　　SP66 狙击步枪采用重型枪管，威力较大，枪口装有消焰、制退器。SP66 狙击步枪没有机械瞄准具，其机匣顶部设计有楔形导轨，可以安装瞄准镜等战术附件。SP66 狙击步枪的弹匣是整体式弹仓，只能通过抛壳口装弹。

WA2000 狙击步枪

设计特点

  WA2000 狙击步枪是一种半自动步枪，采用导气式回转枪机，在步枪框架下面有木制前托，框架上面有瞄准镜架和两脚架安装点。枪托的底板长度和高度可以微调，但贴腮板高度不可调。WA2000 狙击步枪没有机械瞄准具，配用可快速安装和拆卸的瞄准镜。

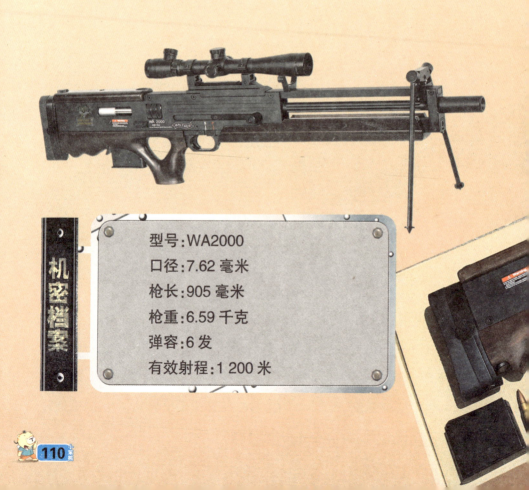

机密档案

型号：WA2000

口径：7.62 毫米

枪长：905 毫米

枪重：6.59 千克

弹容：6 发

有效射程：1 200 米

全新设计

　　WA2000 狙击步枪是瓦尔特公司在 20 世纪 70 年代末 80 年代初研制的,于 1982 年首次亮相。当时很多高精度的狙击步枪都是在一些运动步枪或猎枪的基础上改进而成的,但 WA2000 狙击步枪完全采用全新设计,设计优异。

图书在版编目(CIP)数据

精确瞄准：狙击步枪／崔钟雷主编. -- 长春：吉
林美术出版社，2013.9（2022.9重印）
（解密经典兵器）
ISBN 978-7-5386-7896-3

Ⅰ. ①精⋯ Ⅱ. ①崔⋯ Ⅲ. ①狙击步枪–世界–儿童
读物 Ⅳ. ①E922.12-49

中国版本图书馆 CIP 数据核字（2013）第 225142 号

精确瞄准：狙击步枪
JINGQUE MIAOZHUN: JUJI BUQIANG

主　　编	崔钟雷	
副 主 编	王丽萍　张文光　翟羽朦	
出 版 人	赵国强	
责任编辑	栾　云	
开　　本	889mm×1194mm　1/16	
字　　数	100 千字	
印　　张	7	
版　　次	2013 年 9 月第 1 版	
印　　次	2022 年 9 月第 3 次印刷	

出版发行	吉林美术出版社
地　　址	长春市净月开发区福祉大路5788号
	邮编：130118
网　　址	www.jlmspress.com
印　　刷	北京一鑫印务有限责任公司

ISBN 978-7-5386-7896-3　　定价：38.00 元